向山頂
出發

重陽節

檀傳寶◎主編　李敏◎編著

中華教育

在菊花飄香的時節，重陽節來啦，讓我們一起登高望遠！
你知道這一天有哪些習俗嗎？你知道它為甚麼被稱為「老人節」
嗎？讓我們去一探究竟吧！

目錄

茱萸一　舊時九月九

日曆上的標記 /2

九月初九的相遇 /4

重陽的生命河 /6

茱萸二　節日裏的風俗

登高的腳步 /8

尋找「茱萸」/10

菊花香滿地 /12

茱萸三　悠久的老人節

中國的老人節 /14

各國的老人節 /16

動物界的敬老行動 /18

茱萸四　家有一老，如有一寶

「老」的兄弟們 /20

最美的夕陽紅 /26

不讓愛缺席 /30

茱萸一

舊時九月九

日曆上的標記

　　印象中，母親總是喜歡在每年的新日曆上面做各種記號，比如孩子的生日，長輩的生（祭）日，還有一些大大小小的節日等。為了更好地記住它們，母親會在重要的日子下面畫一個圓圈、一個三角形或一條橫線……

▲ 6 月 1 日是兒童節，它是屬於我們小孩子的節日。

▲ 5 月 4 日青年節是哥哥、姐姐們的節日。

有一個日期被母親用另外的一種符號做了標記：實心的圓圈。整本日曆上只有農曆九月初九的下面是一個實心圓標記。農曆九月初九，這天是甚麼節日呢？

重陽節

農曆九月初九　星期四

▲媽媽有兩個節日：3月8日的婦女節；
　5月的第二個星期日的母親節。

▲爸爸也有兩個節日：6月的第三個星期日的父親節；
　8月8日的爸爸節，這天也叫「八八節」。

九月初九的相遇

「九月初九」的來歷

在中國傳統文化中，人們喜歡把個位數上最大的數「九」視為至尊。比如，人們稱皇帝為「九五之尊」，皇帝的衣食住行都離不開「九」——天子祭祀用九鼎，天子的朝堂有九間房室，天子的皇城有九道門，天子的祖廟有九座廟，天子設的官位有九品……總之，「九」有着極為特殊的意義。

你知道九九重陽節的來歷嗎？原來，這個名稱最早出現在我國古代著名經典《易經》中。古老的《易經》認為「九」為陽數，而農曆九月初九這個日子，兩個九相遇，有兩個陽，所以叫作「重九」或者「重陽」。此外，古人還認為「九九」與「久久」同音，所以「九九重陽」還暗含着生命長長久久、健康長壽的意思。

另外，「九月初九」重陽日處於豐收的時節，更是一些重要人物的生日，比如太上老君的生日、軒轅黃帝和媽祖的升仙日。因為這些原因，許多地方還流行着各種重陽祭天和祭秋的活動。

桓景大戰瘟魔

在醫療衞生條件很差，對疾病的認識和掌控能力有限的古代，人們努力尋求一種原始的方法，來表達自己對生命健康長壽的願望。

中國晉代名人周處所著的《風土記》，記載着這樣一個民間廣為流傳的故事。

東漢時期，汝南縣裏有一個叫桓景的小伙子，原本生活過得還不錯。誰料不幸的事情發生了：汝河邊上發生了瘟疫，家家戶戶都病倒了，桓景的父母也病死了。桓景想起小時候聽大人們說的：「汝河裏住着一個瘟魔，每年都要出來把瘟疫帶到人間。」桓景決心為父母報仇，為民除害。於是前往東南山拜費長房大仙為師學藝，費長房給了桓景一把青龍劍讓桓景苦練。轉眼一年過去了，費長房感覺時機已到，交代桓景：「今年九月初九汝河瘟魔又要出來，你趕緊回鄉為民除害。我給你一包茱萸葉子、一瓶菊花酒，讓你家鄉父老登高避禍去吧。」

九月初九那天，桓景帶領鄉親們登上附近的山頂，按費長房的交代分給每人一片茱萸葉隨身帶着，又讓每人喝了一口菊花酒，防禦瘟疫。安排好鄉親後，桓景帶着他的青龍劍回家等待瘟魔的到來。不一會兒，瘟魔怒吼一聲從汝河裏走上岸來。瘟魔穿過村莊，不見一個人，想竄到山上，只覺得酒氣刺鼻、茱萸衝肺，不敢靠近，於是又轉身向村裏走去。這時桓景一見瘟魔撲來，急忙舞劍迎戰，鬥了幾個回合，瘟魔戰不過他，拔腿就跑。桓景「嗖」的一聲把青龍劍拋出，只見一道青光躍出，把瘟魔刺倒在地。

　　從此以後，汝河兩岸的老百姓過上了安居樂業的生活，人們把九月初九那天登高避禍和桓景劍刺瘟魔的故事，父傳子、子傳孫，一直傳到現在。

重陽的生命河

距今約 170 萬年　距今約 100 萬年　距今約 60 萬年　距今約 20 萬年　距今約 5000 年

元謀人

北京猿人

母系氏族公社時期、
父系氏族公社時期

五帝時代

周代的《易經》以陽爻為九，
因此九月九日即為「重陽
節」。

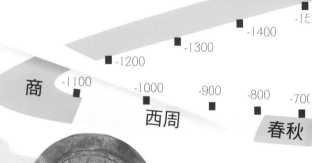

商　-1100　-1200　-1300　-1400　-15

-1000　-900　-800　-700

西周

春秋

「重陽」表示節日，
最早出現於魏晉南北
朝時期。

▲魏晉南北朝瓦當

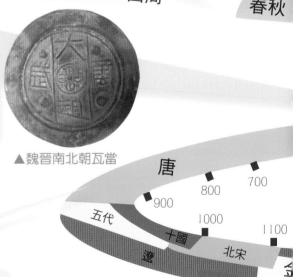

唐　700
800
900　1000
五代
十國　1100
遼　北宋
金

唐代將重陽節正式定為民間的
節日，由全民的避災轉變為文
人、市民的登高娛樂。

▲唐太宗

▲屈原

「重陽」一詞最早出現在春秋戰國時期的屈原《楚辭·遠遊》裏:「集重陽入帝宮兮,造旬始而觀清都」。

歷史朝代歌

夏商與西周
東周分兩段
春秋和戰國
一統秦兩漢
三分魏蜀吳
二晉前後沿
南北朝並立
隋唐五代傳
宋元明清後
皇朝至此完

重陽節的起源、飲菊花酒的習俗形成於西漢初期。重陽的主題演變為祈壽。

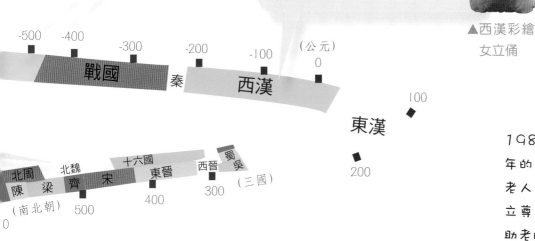
▲西漢彩繪女立俑

-2000

-1900

隸社會之初　夏

-1800

-1700

-1600

-500　-400　-300　-200　-100　(公元)0

戰國　秦　西漢

東漢

100

200

1989年,我國把每年的農曆九月初九定為老人節,倡導全社會樹立尊老、敬老、愛老、助老的風氣。

北周　北魏　十六國　蜀吳

陳　梁　齊　宋　東晉　西晉

(南北朝)　500　400　300　(三國)

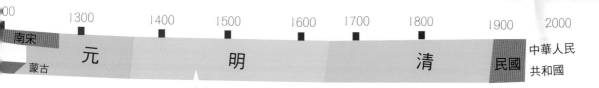

1300　1400　1500　1600　1700　1800　1900　2000

南宋　元　明　清　民國　中華人民共和國

蒙古

明代開創了社會尊老養老的先河,明太祖經常於重陽佳節宴請老人,這個節日開始散發濃濃的敬老意味。

7

節日裏的風俗

有意思的是，中國不僅有清明「踏青」的傳統，更有重陽「踏秋」的習俗。重陽節裏人們踏出了秋天的節奏。

登高，可是重陽節的重頭戲。它最早和先民的狩獵、採集等活動有關，後來慢慢地與人類祭祀、山神崇拜、登高避禍、登高升仙等活動聯繫在一起。這些活動出現後，又陸陸續續地形成了登高詠詩、羣聚宴飲等更多節俗。

登高的腳步

九九重陽節這天，氣候和農曆五月初五的端午節一樣，冷熱交替，人們容易生病。因此古人選擇遠離容易發生災禍的地方，外出登高野遊。他們看到山就爬山，沒有山，就去登塔。經歷一番辛苦，登上高處，俯瞰遠處的風景。這時候，再拿出準備好的美食，有吃有喝、有說有笑，還有家人、朋友在旁，這是多麼幸福的感覺啊！

步步「糕」的寄語

　　我國各地特產琳瑯滿目，其中糕類食品必不可少。如此迎合人們胃口的糕點早在漢代便出現了，當時稱作「餌」，餌與糕都表示用米粉做成的餅。六朝以後，糕類成為重陽節的時令食品，唐宋時期重陽吃糕風俗非常流行，唐代稱「麻葛糕」，宋人稱其為「重陽糕」。

　　吃重陽糕最早是祭祀或慶祝豐收的意思。後來隨着社會文化的發展，人們更加追求「糕」吉祥的寓意，自然地將「糕」與諧音「高」聯繫。此後，糕象徵着成長、向上、高升，並和登高聯繫起來。民間有了吃重陽糕可以步步登高、吉祥長壽的說法，所以人們越來越重視這個日子。

　　居住在平原地區的百姓，沒有高山可攀登怎麼辦？他們用粳米做花糕，再在糕點上插上一面彩色三角旗，就表示登高（糕）避災之意了。不能登高就吃「糕」，古人確實很有辦法！

滕王閣重陽盛會

　　唐代上元二年（675 年）九月九日，洪州的閻都督為慶祝滕王閣重建修成，大擺宴席迎接賓客。年輕的王勃在回家看望父親的路上見此盛事，興致勃勃地參加了這場盛會，並坐在最後一排。

　　宴會席間，大家邊欣賞美景邊進食，閻都督為助酒興提議大家為宴會和滕王閣題詞。當地的文人墨客知道閻都督真正的用意，是打算由他在場的女婿撰寫閣序，因此紛紛推讓。但是不知內情的王勃欣然接受並毛遂自薦了，這使得閻都督生氣地離開了宴席，但他同時也囑咐手下及時稟報宴會的情況。當得知王勃寫到「落霞與孤鶩齊飛，秋水共長天一色」時，閻都督按捺不住內心的激動：「此真天才，當垂不朽矣！」於是立刻回到席上把王勃迎為貴賓。

　　王勃因《滕王閣序》和《滕王閣詩》成就了自己的一世英名，也讓滕王閣從此聲名鵲起。

尋找「茱萸」

茱萸，是一種帶香氣的常綠植物。在古代，它可是表達思念和牽掛的「代言人」。大詩人王維就曾留下「遙知兄弟登高處，遍插茱萸少一人」的名句。後來，重陽節插茱萸的習俗也因為王維的這首《九月九日憶山東兄弟》而變得家喻戶曉。

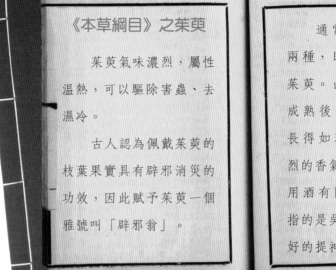

《本草綱目》之茱萸

茱萸氣味濃烈，屬性溫熱，可以驅除害蟲、去濕冷。

古人認為佩戴茱萸的枝葉果實具有辟邪消災的功效，因此賦予茱萸一個雅號叫「辟邪翁」。

通常說的茱萸有兩種，即山茱萸和吳茱萸。山茱萸的果實成熟後，顏色紅潤，長得如珊瑚珠，有濃烈的香氣。而與用藥、用酒有關的茱萸主要指的是吳茱萸，它有很好的提神作用。

茱萸找影子

大千世界，植物千千萬萬，你如何辨認出王維要找的茱萸？重陽節的前一晚，王維兄台發來求助短信：

時隔一年，我只記得茱萸的大致形狀（左圖）。你若能在黑暗中辨認出它的影子，就很好找了。十分感謝。

王維

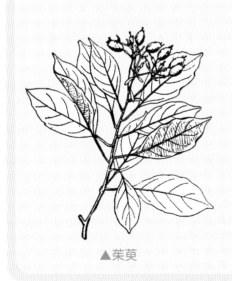

▲茱萸

①

②

③

④

茱萸的正名叫吳茱萸，為甚麼稱其為「吳茱萸」呢？這裏有一個傳說。

相傳春秋時代，弱小的吳國每年需要向強大的楚國進貢。有一年，吳國派使者將本國的特產「吳萸」獻給楚王，楚王不識吳萸反認為吳國用雜草戲弄他，非常憤怒，不給使者解釋的機會便將其趕出宮去。楚王身邊有位朱大夫，與吳國的使者關係較好，事後忙問使者為何送吳萸。使者說，吳萸是吳國的上等藥材，可以治療胃寒腹痛、吐瀉不止等症狀，因為聽聞楚王有胃寒腹痛的痼疾，所以上貢此物。朱大夫聽了後遂將吳萸保管起來。

第二年，楚王受到風寒，舊病復發，腹痛如刀絞，所有大夫都沒有辦法。朱大夫見時機已到，急忙將吳萸煎熬，楚王服下後，立即止痛生效。楚王非常高興，向朱大夫詢問是甚麼藥，朱大夫就將去年吳國使者獻藥的事情講了一遍。楚王聽後，很是懊悔，派人攜帶禮物向吳王道歉，並在楚國推廣種植吳萸。幾年後，楚國瘟疫肆虐，全靠吳萸挽救了成千上萬百姓的性命。

楚國百姓為感謝朱大夫的救命之恩，把「朱」姓加入吳萸改稱為吳朱萸。吳萸正名為吳茱萸並一直沿用至今。

宋元以後，越來越多人追求長生與延壽，因此「延壽客」（菊花酒）在重陽節習俗中的地位逐漸超過了「辟邪翁」，插茱萸的習俗就逐漸少見了，到了民國時期基本銷聲匿跡。

現在人們很少佩戴茱萸，但依然常引茱萸入膳，比如茱萸豬腰湯就是一味適合秋日進補的藥膳。茱萸又恢復了藥材的身份。

菊花香滿地

古人在重陽節聚會時飲菊花酒、賞菊作詩，認為菊花是長壽之花。現代人呢，不妨在重陽節時，和全家一同去公園觀賞菊展，活動活動腿腳，嗅嗅菊花的香氣，說不定真的有延年益壽的作用呢！

在菊花綻放的地方，處處可以聞到沁人心脾的香氣。古人可不只是賞菊，還有簪菊花、飲菊酒、食菊糕、賦菊詩等民俗活動。現在，在重陽節插菊花、詠詩的活動已經不多見了，但是賞菊的活動比起古代卻有過之而無不及。

重陽節很早就有喝菊花酒的習俗，但其起源有多種說法，一說是源於黃帝時期的杜康所釀；另一說起於漢初，源自宮廷。不論哪種說法，最後將菊花和酒緊密聯繫在一起，並且賦予菊花豐富的文化內涵、產生深遠影響的是晉代的陶淵明。

菊花和酒伴隨了陶淵明一生，陶淵明在「不為五斗米折腰」的隱居生活中，愛菊成癡，號稱「菊友」。在陶淵明影響下，人們也開始愛菊、賞菊、詠菊、畫菊，並以菊命名、以菊論人。

飲 酒

[東晉] 陶淵明

結廬在人境，而無車馬喧。
問君何能爾，心遠地自偏。
採菊東籬下，悠然見南山。
山氣日夕佳，飛鳥相與還。
此中有真意，欲辨已忘言。

菊花的創世史詩

你知道嗎？菊花在 3000 多年前就盛開在我國大地上，是我國最早培育出來的觀賞性植物之一。

宋代時已經有了第一部記載菊花品種的書《菊譜》，載入名菊 35 種。明代李時珍在《本草綱目》上寫有「菊之品九百種」。

由於菊花在農曆的九月開放，自然地與重陽節結下了不解之緣，形成重陽節日裏一道賞菊的亮麗風景。

來自中國大地的菊，經過歲月的「播撒」，已成為世界上品種最豐富的花卉之一。

《禮記》中有「季秋之月，鞠有黃華」的記載，黃華是菊花早期的名稱。相傳 8 世紀初，我國許多菊花品種通過朝鮮傳入日本，日本把它作為皇室御用花；12 世紀，菊花渡過英倫海峽，傳入英國；17 世紀時，菊花開始傳遍歐洲；到 19 世紀傳入美洲。

茱萸三

悠久的老人節

> 上慈下孝，才能左親右愛。

中國的老人節

你一定知道大名鼎鼎的明太祖朱元璋吧？老人節和「朱皇帝」可是密不可分的哦！相傳，朱元璋小時候家裏很窮苦，常常吃不飽飯，長大後當上皇帝看到滿街食不果腹的老人，便產生了憐憫之心。於是，他帶頭尊敬老人，還特意頒佈了一項「尊老敬老」的法令。後來，人們將重陽節與尊敬長者聯繫起來，並將重陽節稱為「敬老節」「老人節」。

你知道從古到今、歷朝歷代的「養老寶典」嗎？

先秦時期

周代，每年舉行「鄉飲酒禮」，用以「正齒位、序人倫、敬老重賢、息事端、敦睦鄉里」。

春秋時期規定，70歲以上老人免一子賦役，80歲以上老人免二子賦役，90歲以上老人全家免賦役。

唐代

唐代規定「男子七十、婦人七十五以上者，皆給一子侍」。

秦漢之際

秦漢之際，每年在仲春、仲秋舉行兩次養老禮。這個養老「大禮包」不僅包括子孫免於服役的優待，還有酒肉、財寶等物質獎賞。

明清時期

明代開創了社會尊老養老的先河。當時，對老人有三優：一是「尊高年」；二是「設里正」；三是「優致仕」。清代康熙、乾隆年間，曾先後四次舉辦「千叟宴」招待全國高壽老人，最多的一次曾達到3000人以上。

從老人節到《老年法》

1989 年我國政府將重陽節定為「老人節」，延續了重陽節尊老敬老的習俗，並將其上升到國家意志的高度。

2006 年重陽節被列入第一批國家級非物質文化遺產名錄。

2012 年十一屆全國人大常委會審議通過《中華人民共和國老年人權益保障法（修訂草案）》，明確將農曆九月初九定為「老年節」。

2013 年，全國老齡委發出《關於開展 2013 年「敬老月」活動的通知》，在全國開展「敬老月」活動。主題為「貫徹老年法，造福老年人」，在新修訂的《老年法》頒佈實施之後，重陽節成為法定「老年節」。

重陽節在歷經兩千多年的形成、演變、發展的漫長過程中，從最初的避邪，到重陽歡宴，到重陽祈壽，再到今天的重陽敬老，其背後可見歷代君王、領導者的智慧與努力。現在「老人節」的發展依然任重道遠，需要我們年輕一代繼往開來，不斷創新。

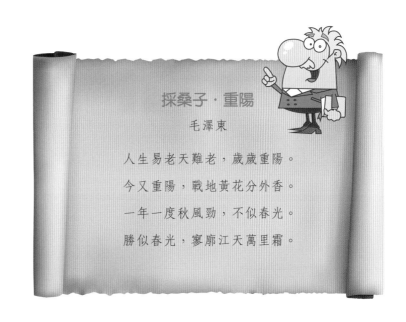

採桑子·重陽

毛澤東

人生易老天難老，歲歲重陽。

今又重陽，戰地黃花分外香。

一年一度秋風勁，不似春光。

勝似春光，寥廓江天萬里霜。

各國的老人節

日本

每年9月的第三個星期一為日本的「老人節」「敬老節」。

這一天，老人們穿着節日盛裝，接受兒孫及親友的祝賀，並參加各種節日活動。

日本古代的重陽節，也與菊花密不可分。

加拿大

加拿大的「老人節」又叫「笑節」，定在每年的6月21日。屆時書店會擺出各種幽默書刊，供老人選購。

老人節當天，喜劇明星會在養老院舉行義演，電視台也會推出為老人助笑的節目。

釣魚

我們的重陽節有着「愛老」的深厚歷史底蘊，然而同樣的「老味道」，在各國人們的心裏可能不太一樣。

請觀賞池塘的上方，那裏展示着世界各地的老人節的情況。觀賞完後，在對應區域填寫並「釣」出這個國家老人節的「魚」（主題詞可以參考聯合國倡導的「照顧、參與、尊嚴」等），放入魚筐裏。

支持

關心

韓國

每年的 5 月 8 日是韓國的「父母節」，與我國不同，韓國把「父親節、母親節、老人節」三節合一了。這一天，人們不僅會為自己的父母獻上問候和禮物，民間也會舉辦各種敬老活動。

聯合國

聯合國大會於 1991 年 12 月 16 日通過《聯合國老年人原則》（第 46/91 號決議）。

大會鼓勵各個國家將這些原則納入本國國家方案，保證對老年人狀況的優先關注。強調保護老年人的獨立、參與、照顧、自我充實與尊嚴。

美國

美國的父親節、母親節有蔓延世界各國的趨勢。

美國不僅有父親節、母親節，還有「祖父祖母節」，每年 9 月的第一個星期天，就是美國的「老人節」，這天全美各地都要舉辦敬老活動。

照顧

尊嚴

幫助

世界各國的老人節

伊朗老人節是 1 月 7 日；新加坡老人節在 2 月 2 日；英國老人節是 3 月 5 日；埃及老人節在 3 月最後一個星期日；印度老人節是 4 月 7 日；越南老人節在 8 月 8 日；智利老人節是 10 月 15 日；法國老人節在 10 月最後一個星期日。比利時老人節最長，從 11 月 9 日到 11 月 16 日共 8 天。俄羅斯的老人節排在最後，是 12 月 7 日。

動物界的敬老行動

不僅人類知道尊老敬老，讓人意想不到的是，孝敬父母也在一些動物中蔚然成風。中國古代兒童啟蒙書《增廣賢文》中有這麼一句「羊知跪乳之恩，鴉有反哺之義」，意思是小羊知道跪着吃奶，以報答父母的養育之恩，小烏鴉會餵養老烏鴉。

敬老篇一：父母先吃

生活在草原上的白尾鷲與生活在樹林裏的烏鴉，以一些動物的屍體為食。當牠們的爸爸媽媽飛不動無法覓食時，牠們會主動擔負起贍養的職責。每當發現美味佳餚，牠們不會你爭我奪，而是讓老者優先。等到父母食用之後，再讓雛鳥慢慢地啄食。而牠們自己，就去高處站崗巡邏呢！

敬老篇二：父母做輕活

在鹿羣這個大家族裏面，年老體弱的母鹿的任務是做勞動力不大的事情。例如：當幼鹿的保姆；擔任尋找草肥地方的導遊。如果年老的雄鹿因病而行動不便，這個集體會專門讓一隻強壯的小鹿去照顧牠的生活。

敬老篇三：愛護父母

澳大利亞的彩虹鸚鵡和英國的禿鼻烏鴉都習慣站着睡覺。出於對父母生命安全的考慮，牠們會安排年幼的鳥在低處停棲，而讓年長的鳥在高處停棲，這樣可以有效防禦來自地面天敵的突然襲擊，確保父母的安全。

地球上還有一種鳥——米利鳥，因對父母十分孝敬而享有「孝鳥」的美名。米利鳥生活在南美洲的哥倫比亞森林裏，身形小如麻雀，嘴巴長得彎彎的像鈎子，尾羽上還長着一個環。牠們睡覺就用到了這個環：首先，一隻鳥將羽毛上的環掛在樹枝上，再用牠的嘴巴鈎住另一隻鳥尾巴上的環；然後一隻接着一隻相互鈎連，形成一條「長鏈」，這個長鏈就是給父母棲息的牀，可想而知用身體搭建的牀會有多麼柔軟。父母躺在上面，可以無憂無慮地入睡。如果遇到壞天氣或者危險，牠們會立刻捲起「吊牀」，把年老的父母裹在中間加以保護。

動物的生命週期和壽命

動物名稱	生命週期	壽命
雞	卵→雛雞→成雞	約 14 年
蝴蝶	卵→幼蟲→蛹→成蟲	約 1-4 個月
蜻蜓	卵→幼蟲→成蟲	約 4 個月
山羊	小羊→成羊	約 20 年
魚（鯉魚）	卵→幼魚→成魚	約 50 年

多大年紀才算是 老人 呢？

首先，我們需要知道人的年紀，是指人從出生那一刻開始到在地球上生存的週期。其兒童期、青年期、中年期、老年期正是按照一生所佔的時間段劃分的。

按照國際慣例，65 週歲以上的人為老年人。

家有一老，如有一寶

甲骨文是目前我國發現最早的文字。在商代的甲骨文中，就出現了一個「頭上披着長長的鬚髮，手下拄着一根手杖」的漢字形象。這個漢字形象，就是最初的「老」字。不僅如此，在中國的文字史上還出現了許多與「老」字意思相同或相近的字，如「考」「長」「孝」等。

▲甲骨文　　▲金文　　▲小篆　　▲楷體

「老」的兄弟們

中國的漢字博大精深，從最早的形象生動的甲骨文到現在的簡單表意的漢字，每個漢字背後都有一段長長的故事，每個漢字都有很多同義「兄弟」，也就是能夠代替表達原來意思的字。首先研究「老」字。

東漢許慎《說文解字》說：「老，考也。」「考，老也。」在甲骨文裏，「考」和「老」是同一個字。後來，甲骨文「老」字下面的「手杖」，演化成兩個字——「匕」和「丂」。「匕」字即是「老」字，「丂」字，就成了「考」字。它們的意思還是一樣的，都表示年長的意思。「考」後來由「老人」之意引申出一個特殊的用法，就是把人們心中最為尊敬的父親稱為「考」。

「長」字，在甲骨文裏也是個長着長髮的老人形象。余永梁《殷墟文字續考》說：「長，實像人髮長貌。」《爾雅‧釋詁》說：「長，老也。」所以，年齡較大的人稱為「長者」。進一步延伸則有：輩份高的稱「長輩」，職位高的稱「長官」，學問大的稱「師長」，家裏排行大的稱「長子」「長孫」等等。

▲「長」金文

老、考、長，都是老人的形象，表示長者的意思。而由此形成的敬老思想，最集中地體現在另外一個字——「壽」字上。鐘鼎文裏有無數的「壽」字，字型上面是一個「老」，下面是一隻或兩隻手捧着東西向老人敬奉。捧的甚麼東西？《詩經·七月》說：「八月剝棗，十月穫稻。為此春酒，以介眉壽。」冬天把酒釀成，到過年的時候，拜年、喝酒、祝福、祝壽就是「以介眉壽」。這個「壽」字，飽含着深深的敬老尊長的意味。

▶「壽」小篆

孝順的皇帝

孝，在遠古時代就成了為人處世的重要道德標準。「三皇五帝」裏的帝堯在選接班人時，大臣們都推薦舜，其中最重要的原因是大家都認為舜是個大孝子。

《史記·五帝本紀》講到舜的父親品格惡劣，母親暴虐，弟弟蠻橫不講理，但是舜依然能與他們和睦相處，並用孝心和仁愛進行感化，促使他們改邪歸正，不做壞事。大孝子舜，成為後世的楷模。

到了春秋時代，出現了「以孝治天下」的思想。（見《呂氏春秋·孝行》）

到漢代，朝廷上下更加提倡「孝道」，基本上處處可見。你看，漢高祖劉邦以後的皇帝謚號前都加了一個「孝」字，比如：孝惠帝、孝文帝、孝景帝、孝武帝……那時還在中央太學立了博士（相當於今天的教授）專門傳授《孝經》。在地方上，從武帝開始，各地以舉薦「孝廉」的方式選拔官員。

古代認為孝敬父母是美德，而不孝的人需要依法問罪呢！

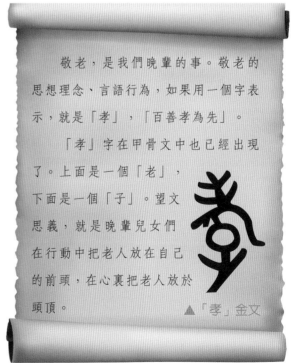

敬老，是我們晚輩的事。敬老的思想理念、言語行為，如果用一個字表示，就是「孝」，「百善孝為先」。

「孝」字在甲骨文中也已經出現了。上面是一個「老」，下面是一個「子」。望文思義，就是晚輩兒女們在行動中把老人放在自己的前頭，在心裏把老人放於頭頂。

▲「孝」金文

《二十四孝圖》裏的記憶

《二十四孝圖》講述我國古代二十四個孝子的故事，有些故事至今仍被傳頌。

▲湧泉躍鯉

▲鹿乳奉親

▲親嚐湯藥

▲蘆衣順母

▲戲彩娛親

▲拾葚異器

▲孝感動天

▲百里負米

▲刻木事親

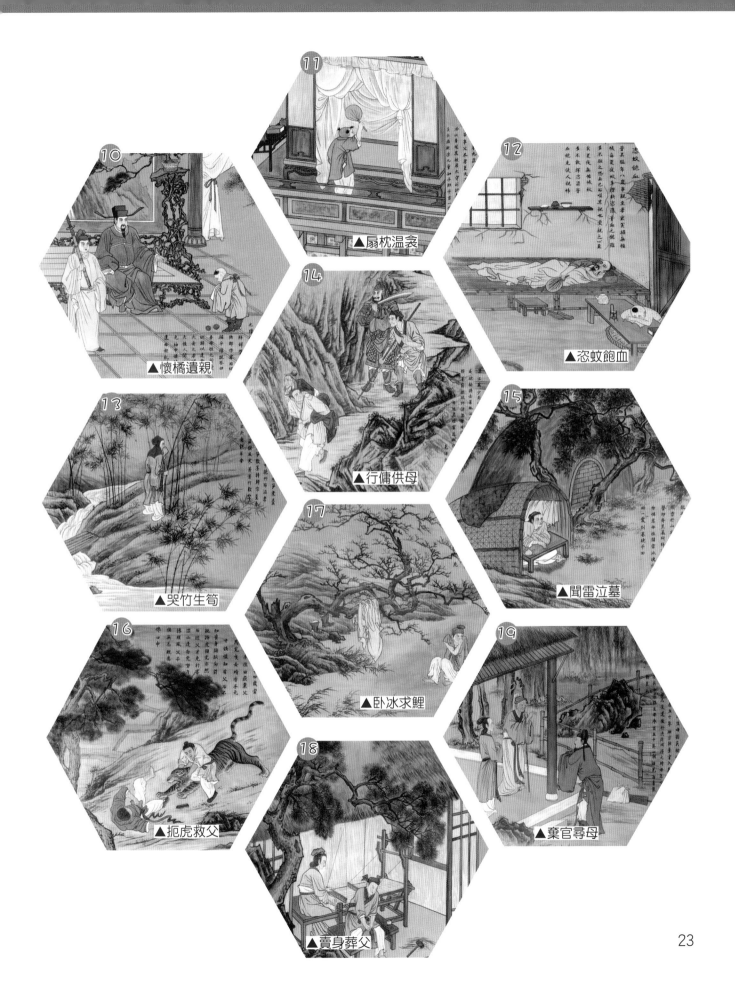

▲扇枕溫衾

▲懷橘遺親

▲恣蚊飽血

▲行傭供母

▲哭竹生筍

▲聞雷泣墓

▲卧冰求鯉

▲扼虎救父

▲棄官尋母

▲賣身葬父

填一填

《二十四孝圖》的故事中有值得我們傳承和歌頌的，它們都可以分成哪些類型呢？仔細看一看，把相應類型的故事編號填在下面的表格中吧！

盡孝的形式	順從雙親的意願	幫父母排憂解難	操辦喪事
用物質來盡孝			
用自己的行動來盡孝			

編一編

《二十四孝圖》故事中講述關於古代「盡孝心」的方式，有哪些你覺得是不合適的？請找出讓你存疑的故事，進行故事改編，並將你的新故事告訴身邊的親人和朋友。

我改編的故事：

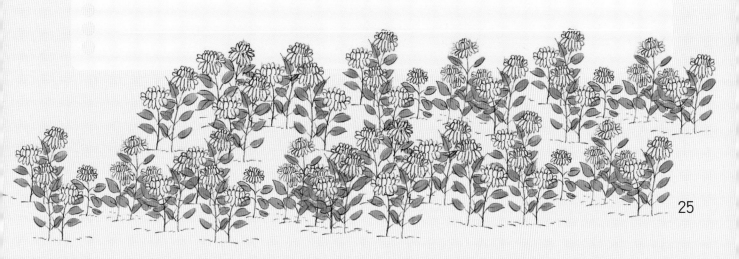

最美的夕陽紅

老是一種自然規律,是一種生命狀態,是一種生命禮讚,也是一種寶貴財富。

家家有老人,人人都會老。老年人是過去、現在和未來的中介,他們用智慧和經驗畫出了歷史的生命線。

「老」字的出現說明在古人心中已有了「老」的概念,有了敬老的意識。在遠古時代,老人們承擔着傳授生活生產經驗的責任,生產經驗直接關係着人類的生存和發展。非洲有句諺語:「一位老年人去世,如同焚毀一座圖書館。」說的就是這個道理。

老人慧眼金睛

　　西漢初年，漢高祖劉邦打下天下之後，曾想把劉盈的太子位廢了，立寵愛的戚夫人的兒子如意為太子。呂后知道了非常驚慌，向張良求助，張良給她出了個主意，讓太子劉盈將隱居在商山的四個老人——東園公唐秉、用（粵：六｜普：lù）里先生周術、綺里季吳實、夏黃公崔廣請出來。於是劉盈畢恭畢敬地請出了當時的「商山四皓」，四位老人也決定出手相助。

　　一天，劉邦在朝廷請大臣宴飲，非常詫異地看到太子劉盈身後站着四個七、八十歲的白眉老人，問知是「商山四皓」時，他大吃一驚：「我請你們多年，你們一直不出山，現在怎麼我兒子請你們，你們就出來了？」這四位老人說：「我們不願應召，是因為陛下輕視讀書人。而現在的太子待我們仁慈，能夠禮賢下士，我們願意服侍太子。」宴飲結束後，劉邦看着四位老人隨着太子離去，對戚夫人說：「雖然我想廢太子，但現在有這四人輔佐，動不了太子了！」

　　劉邦死後，太子劉盈繼位，是為漢惠帝。他的「休養生息，無為而治」的治國思想，為中國封建王朝的第一個盛世「文景之治」奠定了基礎。

爺爺有主意

古時候，有個地方認為人到六十歲就老不中用了，兒孫們會把老人拋棄到深山裏。有一家人，爺爺老了，家人讓孫子按規矩把爺爺扔到深山裏去。但是，路上孫子不忍心拋棄爺爺，於是，他把爺爺藏到了一個山洞裏，每天偷偷地給他送些食物。

後來，朝廷裏發生了一件怪事。一個外國人帶着一隻老鼠到朝堂上貢時，老鼠突然變得像大象一樣，外國人揚言老鼠會吃掉滿朝文武。皇帝嚇壞了，打算把江山讓給外國人。這事傳到民間，人們非常氣憤卻沒有辦法。小孫子知道後，把這件事告訴了爺爺。爺爺想了想，讓孫子轉告皇帝，去尋找九隻九斤重的大狸貓就可以對付那隻老鼠了。孫子把爺爺的辦法轉告給了皇上，皇上便昭告全國找來了九隻九斤重的大狸貓。這天，外國人又抱出那隻老鼠來朝堂上示威，皇上立刻讓人把大狸貓放出來，九隻狸貓撲上去吃了老鼠，外國人也被嚇跑了。

小孫兒立了大功，皇上要封賞他，小孫兒告訴皇上是他爺爺出的主意。皇帝一聽深有感懷，看來還是老人見多識廣啊。於是詔令天下，不得把老人拋棄到山裏，老人是寶貴的財富，要好好孝敬。

千叟宴上有故事

清代康熙、乾隆年間，曾先後四次舉辦「千叟宴」，進京赴宴的都是60歲以上的老人，最多的一次曾達到3000人。一次宴會上，乾隆皇帝見到一位141歲的老壽星，一時興起，吟出上聯：「花甲重逢外加三七歲月。」讓眾官員對出下聯，當時眾官員個個張口結舌，無以對答。正在這時，紀曉嵐走上前來，高聲吟道：「古稀雙慶又添一度春秋。」眾人嘖嘖稱好。乾隆帝非常高興，立刻獎賞他。

解謎：60歲為「花甲」，「重逢」就是兩個「花甲」，古代「三七」表示這兩個數字相乘；「古稀」為70歲，「雙慶」是兩個「古稀」，再加「一度春秋」就是加1歲。上、下聯計算後得出的都是老者的年紀（141歲）。

解答：

　　＋　　　＋　　　＝ 141

　　＋　　　＋　　　＝ 141

不讓愛缺席

　　一首《常回家看看》，唱出了無數老人的心聲。其實，老人真正需要的並不是名貴的物品或動聽的話語。他們無時無刻期盼着兒女子孫能夠和自己歡聚一堂。用行動給老人一些關愛，勝過無數華麗的表白。在重陽節這天，我們尤其不要忘記給他們親自送去祝福和問候。因為「老小孩」們也會像我們期待「六一」兒童節一樣，期盼得到我們的陪伴、笑臉和溫暖！

他們為老人做了甚麼？

　　2006 年 4 月，在澳大利亞訪問的溫家寶總理攙扶着一位老華人到自己的座位旁坐下，並提議「部長們都起立，把座位讓給老人們」。溫總理正是以行動詮釋了我國的「孝道」文化。

　　每年的重陽節，各地都有好戲連台，例如：「重陽節敬老禮」公益活動，登山活動，為高齡老人發放津貼，為老人義診、免費提供維修戶內燃氣管道服務等等。

各年齡的稱謂

不滿週歲——襁褓

2~3 歲——孩提

女孩 7 歲——髫年

男孩 8 歲——齠年

幼年泛稱——總角

10 歲以下——黃口

13~15 歲——舞勺之年

女孩 12 歲——金釵之年

女孩 13 歲——豆蔻年華

女孩 15 歲——及笄之年

男孩 15~20 歲——舞象之年

男孩 15 歲——志學之年

女孩 16 歲——破瓜年華、碧玉年華、
二八年華

女孩 20 歲——桃李年華

男孩 20 歲——弱冠

女孩 24 歲——花信年華

孔子曰:「吾十有五而志於學,
三十而立,四十而不惑,五十而
知天命,六十而耳順,七十而從
心所欲,不逾矩。」

30 歲——而立之年

40 歲——不惑之年

50 歲——知非之年、知命之年

60 歲——花甲、平頭之年,耳順之年、杖鄉之年

70 歲——古稀、杖國之年,致事之年、致政之年

80 歲——耄耋之年

90 歲——鮐背之年

100 歲——期頤之年

 愛的加油站

你知道老人家的需要嗎？我們能為他們做些甚麼呢？

第二站：愛的建議

請你在不適宜老人參加的活動旁畫上「×」。

第一站：愛心短信

請你給身邊的老人發一條愛的加油短信。

< 信息　　　　　聯繫人

謝謝你，我和我的老伴都覺得你的主意特別好。你可以給我們一些具體的建議嗎？

32

第三站：愛的維生素

　　希望老人「蘋」安富貴，「蕉」氣勃勃，「梨」想成真，「杏」福美滿嗎？這些詞語裏的水果蘊含着大量的維生素，維生素是維持身體健康之本，尤其對於老年人來説，補充維生素非常重要。老年人最缺的維生素有哪些呢？行動起來，為他們製訂一份健康食譜吧，這可是你給他們私人訂製的哦！

我的家在中國・節日之旅 ⑧

向山頂出發 重陽節

檀傳寶◎主編　李敏◎編著

責任編輯：余雲嬌
裝幀設計：龐雅美
排　版：時　潔
印　務：劉漢舉

出版 / 中華教育

香港北角英皇道 499 號北角工業大廈 1 樓 B

電話：（852）2137 2338

傳真：（852）2713 8202

電子郵件：info@chunghwabook.com.hk

網址：https://www.chunghwabook.com.hk/

發行 / 香港聯合書刊物流有限公司

香港新界荃灣德士古道 220-248 號

荃灣工業中心 16 樓

電話：（852）2150 2100

傳真：（852）2407 3062

電子郵件：info@suplogistics.com.hk

印刷 / 美雅印刷製本有限公司

香港觀塘榮業街 6 號

海濱工業大廈 4 樓 A 室

版次 / 2021 年 3 月第 1 版第 1 次印刷

©2021 中華教育

規格 / 16 開（265 mm × 210 mm）